千變萬化的 茶葉魔法術

作者／陳柏安
繪圖／林書妍、謝瑾安

目錄CONTENTS

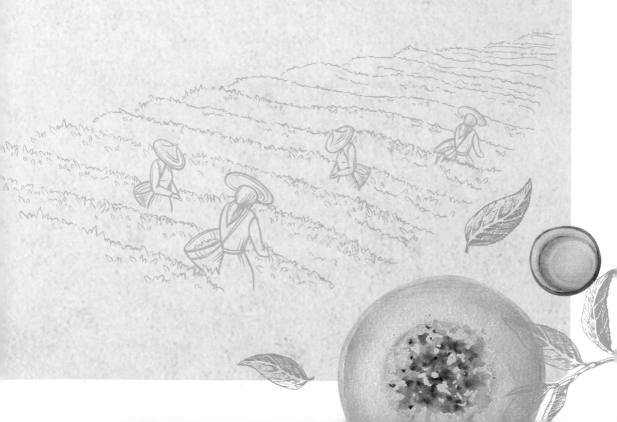

1.

茶葉的風味魔法

茶葉從茶樹上採摘下來的葉子，轉變成我們口中的茶湯，需要經過許多不同的製程轉化。氧化製程奠定了茶葉的基礎風味，而炒菁階段的氣味定格、烘焙過程的風味調整、陳放老化時的華麗轉身，都是在氧化基礎上，讓茶葉更進一步添加更多的風味特色。因此，認識茶葉的氧化作用，可以說是踏入茶葉風味的第一步。

　　一片葉子之所以能轉化成不發酵茶、部分發酵茶、全發酵茶，並且可以展現出綠茶、白茶、黃茶、青茶、紅茶的不同類別，能夠散發青草香、花香、青果香、熟果香等不同的氣味，都是起於茶葉毛茶的製茶技術。我們將**茶葉氧化**（發酵）過程中已知的深奧科學理論，轉化成生動且簡單的概念，逐步說明為什麼不同的製造工序，能讓同樣的一片葉子展現出不同的顏色、滋味、氣味，並從欣賞茶葉魔法的角度，來介紹各種茶類的風味特色來源，並試圖解開鏈結茶葉風土與風味的關鍵祕密。

2.
茶葉的顏色魔法

2.1 茶葉的顏色魔法

　　每一片茶葉，不論它是來自台灣阿里山上的靑心烏龍茶樹、斯里蘭卡TRI 5000茶樹、日本的Yabukita茶樹、印度的奇漾B157茶樹，還是肯亞的TRFK68茶樹，更不論它是小葉種或大葉種，我們都可以透過不同的製造過程，將它從一片葉子，轉化成不同茶湯顏色的綠茶、黃茶、靑茶、紅茶。這個驅使茶葉從剛採下來時的靑綠色，慢慢轉變成黃色、紅色的過程，就是我們首先要介紹的茶葉顏色魔法。

　　茶葉顏色魔法的關鍵主角是兒茶素（Catechins），由8種不同結構的化學物質共同組成，是茶葉中占據相對大量的一類成分（約15～30％）。由於它的占比高，所以它在茶葉中的變化與走向，影響各種茶葉的魔法變化，是我們最需要用心關注的對象。這些兒茶素們本來是植物在遭受害蟲、曬傷等外在傷害時，用來進行抵禦的防範機制。兒茶素旣然能被用來作爲防範害蟲的物質，同樣的也會對自己造成相當的傷害，爲了不要殺敵一百自傷七十，這些以備不時之需的物質，平時是被存放在液胞中，好能與植物細胞平時生化運轉的空間（細胞質）區隔開來，而不會對茶葉細胞本身造成不良的傷害。

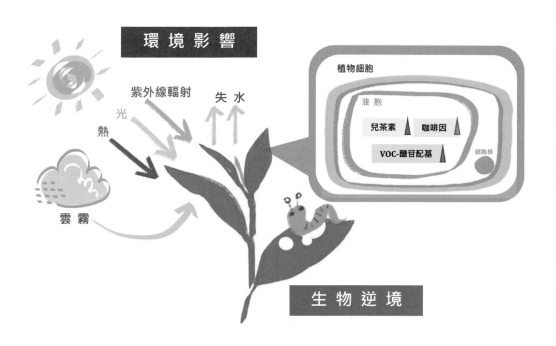

環境影響

紫外線輻射　失水

光

熱

雲霧

植物細胞

液胞

兒茶素　咖啡因

VOC-醣苷配基

細胞核

生物逆境

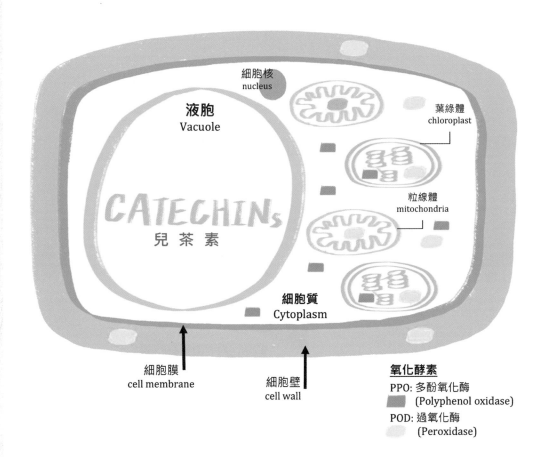

細胞核
nucleus

液胞
Vacuole

葉綠體
chloroplast

CATECHINs
兒茶素

粒線體
mitochondria

細胞質
Cytoplasm

細胞膜
cell membrane

細胞壁
cell wall

氧化酵素
PPO: 多酚氧化酶
　　　(Polyphenol oxidase)
POD: 過氧化酶
　　　(Peroxidase)

當茶葉從樹上被採摘下來之後，細胞開始漸漸地失去水分，也因此一步步地受到逆境造成的傷害。在這個失水的過程中，原本存放在液胞內且對茶葉有危害的兒茶素們，因為液胞膜的穩定性逐漸降低，漸漸地流出到細胞質內，茶葉為了避免這些滲漏出的兒茶素危害到細胞，立即展開了第二層的防護機制：應用多酚氧化酶（polyphenol oxidase, PPO）開啟一連串的氧化作用。這個氧化過程相當重要，不但降低了兒茶素外流所產生的危害，也讓茶葉的顏色魔法就此展開。

　　這些因為液胞膜穩定性降低而從液胞內滲漏到細胞質的兒茶素，在細胞質內遇到了氧氣，同時受到多酚氧化酶（PPO）的催化，在兩者共同作用下，從一個一個的單體兒茶素，有系統的形成兩兩結合，讓茶湯呈現黃色的二聚體（dimer）、茶黃質（theaflavins, TFs）等，完成了兒茶素的初步氧化。當茶葉細胞進一步受到更多的破壞，使得液胞膜更加不穩定，就會讓更多的兒茶素流出到了細胞質內；這時候細胞則必須啟動更進一步的防護機制，讓過氧化酶（peroxidase, POD）和原先的多酚氧化酶（PPO），一起扮演氧化反應中的催化角色，使得帶有黃色的二聚體、茶黃質，再進一步氧化結合成讓茶湯帶有紅色的茶紅質（thearubigins, TRs），或更進一步轉化成帶有褐色的茶褐質（theabromine, TB）。

表兒茶素
(-)-Epicatechin (EC)

表沒食子酸兒茶素
(-)-Epigallocatechin (EGC)

氧化作用
氧化酵素

茶黃質
Theaflavin (TF)

氧化作用
氧化酵素

茶紅質
Thearubigin (TR)

氧化程度低

氧化程度高

氧化程度 (levels of oxidation)

　　液胞內分離的無色兒茶素，因為受到從茶樹上採摘下來的逆境影響，使得他被迫從液胞流入到細胞質中，進而被酵素催化逐漸轉成帶有黃色、紅色、褐色的物質，這個讓茶葉顏色轉化的氧化作用，不但能造就各式各樣的茶湯顏色，更將是後續誘發茶葉滋味和氣味變化的關鍵要角，可稱是茶葉魔法的首要關鍵。

2.2　改變茶葉顏色的魔法

　　兒茶素造成的茶葉顏色變化，主要在於兒茶素的氧化作用，因此能夠調整兒茶素的氧化程度，就可以達到改變茶葉顏色的效果。

　　由於兒茶素平時儲藏在液胞內，而造成兒茶素氧化的多酚氧化酶與氧氣則是在細胞質內，因此，將它們區隔開來的液胞膜，就肩負了調控的重要角色。而任何影響液胞膜穩定性的種種因素，像是製茶時外在的溫度、濕度，或者攪拌時的力道、時程，就成了指揮顏色魔法轉化速度與程度的關鍵。

　　茶葉的魔法師除了可以在製茶時藉由控制細胞失水程度來改變顏色之外，還能再應用不同的技術，來調控茶葉採收時的兒茶素的含量（原料）、多酚氧化酶的含量（催化）、葉片的厚薄（影響製茶時失水速度）等等，營造茶葉展開變色魔法時的不同情境，進而玩出千變萬化的茶葉變色魔法。

　　例如在茶葉栽種的過程中，茶葉為了避免受傷，在面臨較高的溫度時，會製造出更多的兒茶素，這些兒茶素會累積在液胞內，後續在茶葉採下來之後，製茶師就能有更多的原料可以進行使用，也就可以讓茶葉能有更高的機會往黃色、紅色進行轉變。施用較多的氮肥肥料時，容易減少茶葉細胞所累積的兒茶素含量，同時降低多酚氧化酶含量及活性，如此一來，茶葉採收後的製造過程中，能提供轉化的原料和催化劑皆會相對地減少，進一步使得兒茶素氧化作用的產物減少，連帶地降低了茶葉變色的機會。

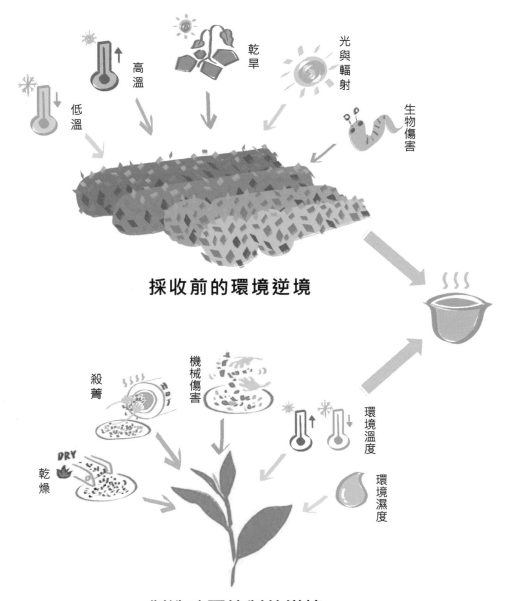

採收前的環境逆境

製造時可控制的逆境

低溫　高溫　乾旱　光與輻射　生物傷害

殺菁　機械傷害　環境溫度　環境濕度　乾燥

藉由掌握茶葉魔法的首要公式，同時善用田間栽培到茶葉製造的各種手法，藉由調節兒茶素與多酚氧化酶的含量、比例、反應速度，達到控制兒茶素氧化的狀態，就能進一步的控制茶葉的顏色變化，成為一名初階的茶葉魔法師。同樣的，明白了茶葉變色魔法的關鍵，也就能藉由茶湯顏色的呈現，大略了解茶葉的氧化狀態。

3.

茶葉的滋味魔法

3.1 茶葉的滋味魔法

　　由我們味蕾感受到酸、甜、苦、鹹、鮮5種味覺，以及由觸覺造成澀味感受，共同組成了所謂的茶葉滋味。因此，在探討茶葉的滋味感受時，我們不僅要探討常見的基本5味以外，更同時要對各種不同的澀感進行了解，才能更加完整窺探茶葉的滋味變化。

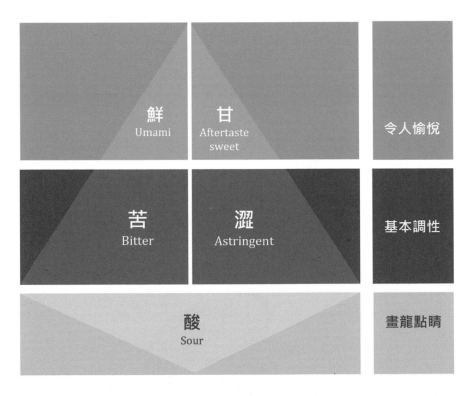

鮮 Umami	甘 Aftertaste sweet	令人愉悅
苦 Bitter	澀 Astringent	基本調性
酸 Sour		畫龍點睛

在探討茶葉的味道之前，需要先了解人們對茶湯的喜好，通常主要以甜、鮮感為主，而苦、澀味則是比較不喜歡的味道，另外鹹和酸則是茶湯中通常較不主流的滋味。在這樣的基本概念下，我們就能比較清楚為什麼在討論茶葉滋味時，大多會先關注茶湯中的甜、鮮、苦、澀這4大感受。

在茶葉中，甜味的來源雖然主要是各種可溶性的醣類，但這些醣類的含量甚低，通常低於人類的味覺感受能力；所以在喝茶的時候，帶給我們甜感的源頭，常常是因苦後回甘所帶來的感受。這些苦後回甘的成分，主要是兒茶素中的游離型兒茶素（C、GC、EC、EGC），而另一類含有沒食子酸酯（gallate）的酯型兒茶素（CG、GCG、ECG、EGCG），則較不會帶來苦後回甘的效果。

除了甜味和甘味以外，鮮味是另一個茶湯中令人喜好的味道，它主要是由多種的游離胺基酸所提供，其中對鮮味貢獻最大的成分是麩醯胺酸（glutamine），也就是味精中的主要成分，除了可以讓茶湯更加鮮活，還能讓茶湯中的苦味和澀度感受較低，大大地平衡兒茶素等帶來的不良苦澀感，扮演著茶湯滋味平衡感的關鍵角色。而茶胺酸（theanine）雖是茶葉中含量最多的胺基酸成分，但其實它所提供的鮮味感覺甚低，且對於苦澀味的降低幫助微小，相較之下還遠遠低於含量較少的麩醯胺酸和天門冬胺酸（aspartic acid）。

茶湯中的苦味來源，除了只提供苦味感受的咖啡因以外，其他的兒茶素、原花青素（proanthocyanidins）、水解單寧（hydrolysable tannins）等茶葉中的成分，都會同時帶來苦味和澀感。澀是一種特別的舌頭感受，單體兒茶素所帶來的澀感，是一種造成舌面起皺、緊繃

所帶來的不舒服觸感；不同的單體兒茶素又會因為是否結合沒食子酸酯而有不同的強弱，當單體兒茶素帶有沒食子酸酯的時後，則會具有較高的澀感，所以EGCG在茶湯中主要扮演澀味提供的兒茶素。類黃酮苷（flavonoid glycoside）等物質，由於它是以結合醣苷的型式存在，帶來了另一種更柔軟、光滑的口乾澀感（silky astringent），反而能讓茶湯更加的豐富。茶湯中不同的成分會帶來不同的澀感，彼此間還會互相影響，而改變整體的澀度感受。雖然人們大多不喜歡這些成分帶來的苦澀感，但由於茶湯中同時包含了其他提供甜、甘、鮮、苦等味覺的成分，要是缺乏了這些苦澀的成分存在，茶湯反而會失去平衡而降低了品嘗的感受與樂趣。所以說，茶葉中的各種成分，都有它存在的意義和扮演的角色，如何讓茶葉能達到最佳的平衡感，才是我們最需要關注的。

註：茶葉內主要兒茶素類化合物及縮寫

C：Catechin

EC：Epicatechin

GC：Gallocatechin

EGC：Epigallocatechin

CG：Catechin gallate

ECG：Epicatechin gallate

GCG：Gallocatechin gallate

EGCG：Epigallocatechin gallate

3.2 改變茶葉滋味的魔法

　　茶湯中的成分組成和個人的味蕾敏感程度差異，都是造成我們感受到茶湯不同的原因，而人們總是期望茶湯中的各種成分，能堆疊出一個舒服的狀態，一個適合自己喜好的美好平衡，一個由提供愉悅感的甜、甘、鮮，與創造層次感的苦、澀，共同交織而成的整體感受。因此，改變茶葉滋味的魔法關鍵，就是藉由茶葉的栽種和製造，來調整創造出最完美的茶湯滋味。

　　在茶葉的顏色魔法中，我們說到了影響茶葉顏色最關鍵的兒茶素氧化反應，同樣也深深影響著茶葉的滋味變化。由於兒茶素是茶葉中最主要提供苦澀味來源的成分，但當兒茶素因氧化作用結合成茶黃質和茶紅質以後，就能大大的降低苦澀感，因此，藉由控制茶葉中兒茶素的氧化程度，就能逐漸的讓帶苦澀感較強的單體兒茶素慢慢減少，轉化成較不苦澀的結合態。由於其他主要提供苦澀感的咖啡因、原花青素等成分，大多不會受到茶葉的氧化製程而有變化，使得調整單體兒茶素的含量，成為改變茶葉滋味平衡感的關鍵所在。因此，製茶師能透過氧化的魔力，將茶菁生長時所累積的苦澀兒茶素，逐漸和茶菁與生俱有的各種苦、澀、甜、鮮味成分，達成一個絕妙的滋味平衡點，創造出最適合飲用的一杯茶。

　　可惜的是，製茶師雖然可以藉由控制兒茶素的氧化程度，來修飾茶菁本來的滋味感受，讓茶葉呈現出她最適當的表演姿態，但這樣的調整過程，同樣伴隨著顏色的變化，所以藉由製茶降低苦澀味的同時，也勢

必伴隨著顏色的轉變。換句話說，很難避免在降低苦澀感的同時，不讓茶湯的顏色逐漸轉黃轉紅。但由於兒茶素具有同時影響顏色與滋味的雙重特性，不但能夠讓我們從顏色的觀察來評估兒茶素的氧化，也能讓我們從不同的苦澀感進行茶菁氧化狀態的評斷，更可以結合顏色和滋味的比對，讓我們獲取更多一杯茶的茶葉魔法轉化線索。

　　每種茶葉都具有各自最好的表現舞台，如何讓茶葉以最適當的姿態粉墨登場，並以甚麼樣的個性進行表演，就端看製茶師如何掌控茶葉與生俱來的魔力，讓每一片茶都能以最好的姿態登台。

4. 茶葉的氣味魔法

4.1　茶葉的氣味魔法

　　茶葉提供的口腔感受只有苦、鹹、酸、甜、鮮、甘、澀等少少幾種感覺，要是已經覺得很複雜了，那當你進入到茶葉的氣味世界時，將會面臨更多的挑戰。目前已經發現茶葉中至少有500種以上的氣味成分，這些氣味分子能分別讓我們透過嗅覺，感受到各式各樣的芬芳青草味、清新花香味、濃郁果香味、蜂蜜甜香味、堅果焦香味，同時在各種氣味的交互影響下，更能混合出各種千變萬化的氣味風采，讓人對茶葉又更加地神魂顛倒。茶葉是如何從採摘下來時的青草氣味，在製茶師的巧手下，歷經一連串的魔法轉化後，形成了各式各樣的美妙氣味，一直以來被認為是茶葉魔法中最具迷霧的一處，更是造就各種茶葉特色的關鍵祕密。

　　在解析茶葉氣味的轉化魔法前，我們需要對氣味的感受有一些初步的了解，才好進行茶葉中最複雜的一個篇章。當我們在感受滋味時，雖然每個人的感官敏銳度有所差異，但甜的味道每一個人嚐起來都是甜的，而且越多甜味成分時則會感受到更高的甜度；但氣味的感受與滋味的感受不同，不僅受到感官器官靈敏度的影響，還會因為濃度差異，使得相同的一個氣味分子，讓人產生完全不同的氣味感受。例如吲哚（indole）這個氣味分子，在濃度低的時候，會帶來茉莉花香的感受，但濃度高一些的時候，卻會讓人覺得是腐壞的花味，濃度再更提高時，則會帶來一股廁所的糞便氣味。更有趣的是，這些區分不同感受的濃度臨界點，還會因每個人的感官敏銳度而有不同，也就是說即使是在同一

個濃度下，感官較不敏銳的人可能覺得還是花香，但另一個人可能會開始覺得出現不舒服的廁所味。

　　除了濃度的影響外，氣味感受還與每個人的人生經驗密不可分，因此每個人對於同樣的一個氣味分子，都會隨著各自的生長背景和記憶，而有了不同的聯想和感受。也因爲這樣的原因，當不同人聞到花香濃度範圍的吲哚時，產生了不同的氣味連結，因此我們常常會遇到A說這個茶帶有橙花或柑橘花，B卻說是鳳梨花，但C又說這個茶帶有茉莉花香，而D卻又感覺是梔子花香的狀況。

　　由於氣味具有這樣多變且複雜的特性，除了不同的茶葉由不同的氣味分子組成，每個氣味分子不同的濃度又會引發不同的感受，同時各個氣味間的結合，還有著多變的交互作用與堆疊效果，種種的因素共同造就了千變萬化的茶葉香氣感受，也讓茶人在對話茶葉氣味時，讓人感到困難重重的情形。這些各種的茶香氣味姿態，雖然覆上了一層層的迷霧，但也因爲茶葉的氣味萬千，而且每個茶人的感官狀態和個人經歷差異，使得同樣一款茶的氣味感受都會因人而異，如果再加上與滋味的調和，那就更是難以筆墨形容了。如何在衆裡尋找到與自己氣味相投的那款茶，就讓我們先從撥開造就茶葉氣味的迷霧開始吧。

　　茶葉的氣味雖然有數百種，但它們都是茶菁在生長過程中，因應不同的環境或遭遇，一步一步累積了各種的氣味原料，再藉由製茶過程中的變化，慢慢轉化並儲藏於茶葉中。當我們沖泡茶葉時，這些氣味又再一次從茶葉中大量散發出來，首先經過了鼻子讓我們聞到，接著隨著茶湯進入口中，讓茶湯中的氣味經過口腔中的酵素釋放，最後經由鼻後嗅覺帶來了這杯茶的第二層芬芳。所以一片茶的氣味演繹，不但展示了它生長時遭受的機遇、製造時的歷程、沖泡時的舞台，更還包含著我們品

飲時與她的緣份。

　　不同的生長環境讓茶菁累積了不同的香氣前驅物，這些誘人氣味的前驅物和造成茶湯苦澀味的兒茶素，同樣主要是茶樹為了自身抵禦外在的逆境、蟲害而生，例如讓人感受到的清新草味，其實是茶葉受到草食動物咬傷時，首先會散發出來的氣味分子之一。這些氣味分子除了能提升逆境耐性、驅趕害蟲以外，也同時具有通知附近其他的茶樹進行預先防範措施的功能。植物除了散發出清新草味外，還能製造很多其他對我們人類而言是好聞的，但卻是要能對草食動物危害、具有毒性的氣味物質；而這些氣味分子也和兒茶素一樣，會對植物造成一定傷害，所以茶樹在累積這些氣味物質的同時，必須要發展一套能防範自我傷害的機制。

　　因此，植物藉由將這些氣味分子和各種醣苷（glycoside）進行結合，讓它轉變成低毒性且不揮發的型式，然後將這些成分運送到液胞內進行儲放，同時藉由物理隔離和去除毒性的方式來達到防禦整備。這些以醣苷型式存在的儲藏型氣味物質，除了毒性被去除以外，同時也因低揮發性而較難被聞到，所以這些在茶菁生長過程中，為了因應低溫、害蟲等做為防禦準備的氣味前驅物，如果沒有在茶樹生長時被用來進行防禦，那這些物質則會一一被保留在葉片的液胞內，成為了茶葉氣味生長經歷的歷史證明。這些茶葉生長過程中所累積的氣味成分，雖然是茶葉因應自身遭遇而準備，但也造就了不同生長環境的茶葉有其獨特的風味組成，更提供了品茶人得以窺探茶葉生長背景的脈絡。

其他健康植株

非生物逆境

光　　熱

低溫

乾旱　　紫外線
　　　　輻射

生物逆境

訊息傳遞

防禦/驅趕

啃食!

揮發的氣味化合物
Free VOCs

植物細胞

Free VOC
&
-醣苷配基

液胞

VOC-醣苷配基

細胞核

食草昆蟲

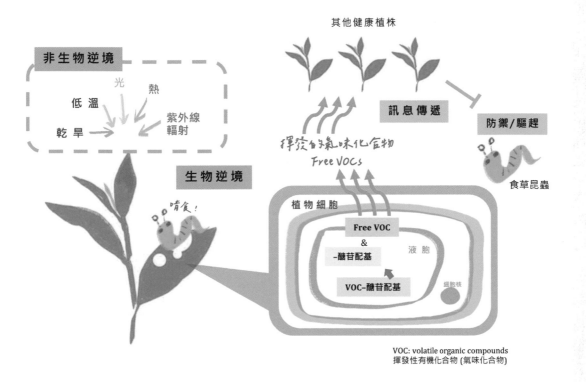

VOC: volatile organic compounds
揮發性有機化合物 (氣味化合物)

茶葉在茶樹上生長時生產的香氣物質，主要多是從葡萄糖被糖解開始，所以它們最前端的基礎原料都是一樣的，但經過了不同的生合成機制，被逐一的轉化成四大類別的氣味起始原料，包含了脂肪酸衍生的揮發物、以類胡蘿蔔素為來源的揮發物、揮發性萜烯、揮發性苯丙烷／苯類。所以，作為主要原料的葡萄糖含量多寡，轉化成不同氣味起始原料的比例，以及茶菁遇到的生長環境狀況，都是促使茶葉在樹上累積氣味含量的關鍵，並最終成為製茶師手上能進行變化的基礎。但如何讓這些氣味原料順利從茶葉中釋放，並且美麗的轉化成更多元的氣味組成，則端看製茶師如何應用各種不同的製茶技術進行調整了。

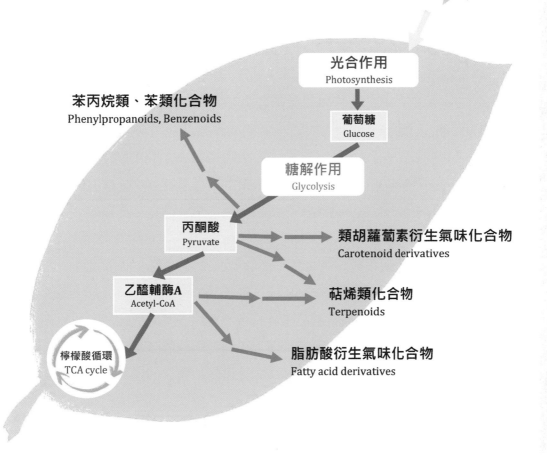

茶菁生長時的氣味生成途徑

改變茶葉氣味的魔法

　　其實當茶葉在樹上生長時，也能夠合成那些在製茶過程中產生的各種氣味分子，但剛從樹上採收下來的茶菁，卻僅會散發出以青草香為主的單調氣味。這是由於採收當下，葉片內新的氣味成分大多還沒開始生成，而本來已經製造好的儲藏性氣味，仍然被以醣苷的型式儲藏在液胞中，而無法揮發出來。只有一些脂肪酸類的成分，因受損傷和缺水逆境的誘發，在採收的當下，立刻被快速地氧化並散發出來（如：3-hexenal、3-hexenol），讓茶菁呈現了大量的青草味氣息。而像綠茶這類採摘後製程較短的茶類，也就因為缺乏氣味轉化，而呈現了茶菁較原始的氣味狀態。

　　雖然氣味魔法相較顏色魔法和滋味魔法更加複雜，但也因為它的複雜，造就了千百種不同的氣味組合，而不同的魔法組合，更分別造就了包種茶、烏龍茶、紅茶的獨特氣味特色。要將茶葉的氣味從原本的青草香，轉變成帶有花香、果香感的氣息，需要經過許多不同的氣味改變魔法共同交織而成，讓茶葉因此蒙上了一層難以窺究的迷霧。不過，我們可以從「兒茶素氧化推動的氣味生成」、「醣苷水解酶推動的氣味釋放」和「逆境誘發的防禦性氣味合成」，三個主要的路徑來說明，並從造成各種茶類不同的氣味成因上進行認識，或許能讓茶葉氣味魔法變得有跡可循，也讓不同種類的茶葉特色氣味可以更容易被認識。

4.2.1 兒茶素氧化推動的氣味生成

　　茶葉氣味魔法的第一式，依然跟顏色和滋味一樣，與兒茶素氧化這個茶葉中最重要的變化有關。兒茶素被氧化的過程是一個雙向的變化，有一些單體兒茶素被轉化成氧化態，但也有一些氧化態的兒茶素或兩兩結合的兒茶素會再回覆到單體狀態。而這一個兒茶素還原的過程，它提供了氣味前驅物進行轉化的動力，讓各種的類胡蘿蔔素、胺基酸等物質，能夠順利地進行氧化，降解轉化變成各種不同的氣味。

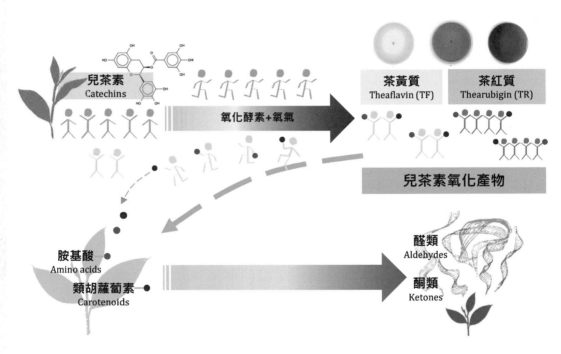

兒茶素
Catechins

氧化酵素+氧氣

茶黃質
Theaflavin (TF)

茶紅質
Thearubigin (TR)

兒茶素氧化產物

胺基酸
Amino acids

類胡蘿蔔素
Carotenoids

醛類
Aldehydes

酮類
Ketones

兒茶素氧化推動的氣味生成

由類胡蘿蔔素轉化成帶有木頭氣息、青澀花香的紫羅蘭酮（β-ionone），以及由胺基酸類轉化成的甲醛（formaldehyde），這類帶有一絲花香但仍保有綠色調的氣味，首先在兒茶素氧化還原的過程中被釋放出來，讓茶菁展現了我們常常聽到的菁香味、臭菁味為主的嗅覺感受。而當兒茶素的氧化程度達到一定程度之後，就能帶動更進一步氣味生成，這時候由類胡蘿蔔素類轉化成的大馬士酮（damascenone），提供了更強烈的玫瑰及水果味，而由胺基酸類生成的2-甲基丁醛（2-methyl butanal），則帶來了麥芽、堅果味。

決定這些化合物生成的先後順序，主要是由於其原料被氧化降解的難易程度，隨著兒茶素的氧化作用從平緩到劇烈，茶菁的氣味則依序從綠色調慢慢地轉成花香調，再逐漸的往花果調發展。由於這些氣味與兒茶素氧化間具有這樣的緊密關聯，讓製茶師在做茶的時候，可以藉由觀察製茶時的氣味變化，窺探茶葉內兒茶素與其他成分的氧化狀態，並據以決定製程時的對應動作。

因此，若希望提高茶葉中玫瑰及花果香等氣味類型時，可以藉由提高液胞膜的通透性，讓兒茶素能夠與氧化酵素大量結合，使得較難轉化的大馬士酮等能夠被生成出來；相反的，如果想要讓茶葉保有清新草花香氣時，則可以降低茶葉的液胞膜損傷，使液胞膜保有良好的隔絕性，僅讓較容易因兒茶素氧化還原帶動的紫羅蘭酮少量釋放。

由此可見，想在製茶過程中完美地掌控茶菁氧化的程度，首要法則是掌握茶菁的氣味變化；製茶師藉由掌握讓人可以感受到的茶菁氣味，推估茶菁內看不到的各種生化反應，然後透過製茶師精準的控制，讓茶葉顏色、滋味、氣味同時往預期的方向邁進，就如同指揮著一場絕妙的茶葉魔法秀。

4.2.2 醣苷水解酶推動的氣味釋放

　　茶葉的氣味除了來自於兒茶素氧化還原推動的這個層面外，醣苷水解酶（glycoside hydrolases）推動的氣味釋放，是茶葉氣味魔法的第二式。這類的氣味分子是當茶葉仍在茶樹生長時，就已經被合成並存放在茶葉內部備用，當植物受到危害時，會立刻被釋放出來，進行一系列防禦對策。所以平時這些氣味分子，會先藉由和醣苷連結的形式來降低毒性外，同時和兒茶素一樣被隔離在液胞內，當成武器被儲藏起來。當植物葉片受到蟲咬等撕裂性破壞時，這些被醣苷綁住的氣味分子，就會因傷口的存在而脫離液胞的隔離，並和細胞壁上大量的醣苷水解酶進行結合，將醣苷和氣味分子間的醣苷鏈結切斷，這些被束縛的氣味分子解放出來，達到釋放氣味進行防禦的效果。

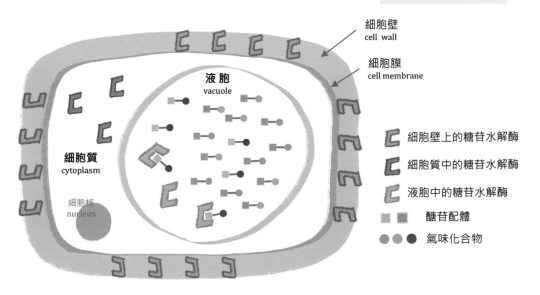

完整的葉片細胞

細胞壁
cell wall

細胞膜
cell membrane

液胞
vacuole

細胞質
cytoplasm

細胞核
nucleus

細胞壁上的糖苷水解酶

細胞質中的糖苷水解酶

液胞中的糖苷水解酶

醣苷配體

氣味化合物

這些被醣苷鏈結的氣味分子，由於需要細胞壁上的酶來解放，因此我們需要藉由揉捻來創造兩者的相遇契機，並同時藉由靜置來提供適當的反應時間，才能讓這些氣味分子有機會得以釋放，最後人們也才能在茶葉中聞到這些被束縛的香氣。而這類的氣味分子眾多且氣味分布甚廣，像是帶有青草味、瓜皮味的葉醇（3-hexenol），帶有花香的芳樟醇氧化物（linalool oxides）、苯乙醇（phenylethyl alcohol），帶有花果味的香葉醇（geraniol）、苯甲醇（benzyl alcohol）等容易被醣苷鏈結的氣味分子，也就在具有長時間揉捻製程的茶類中，扮演著提升茶葉氣味的關鍵要角。

　　在紅茶製造過程中，由於茶葉受到長時間的揉捻，並於細胞破壞後具有一段相當長的靜置製程期間，這些醣苷鏈結的氣味，就會經由茶葉魔法的第二式，依序散發出來；而這些氣味不但提升了茶葉最終的香氣，也同樣能作為製茶師判斷茶葉受到的逆境與氧化發酵狀態指標。但雖然包種茶也同樣具有揉捻的程序，但因為揉捻後缺乏醣苷水解酶作用的契機，自然也就較不容易發生這種氣味生成途徑。

破損的葉片細胞

香氣釋放

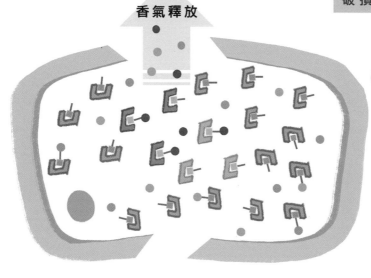

揉捻/破碎

香氣釋放

僅液胞破損的葉片細胞

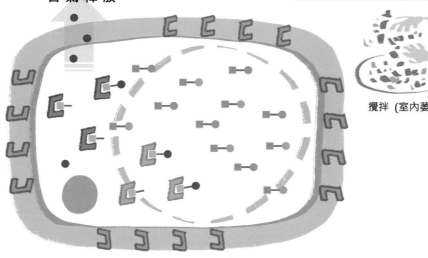

攪拌 (室內萎凋)

糖苷水解酶推動的氣味釋放

由於醣苷水解酶釋放的氣味，是源自茶葉內原本已存在的醣苷鏈結氣味成分，因此當茶葉採收下來時，若沒有適當足量的醣苷鏈結氣味存在，就算製程中再怎樣的努力，都很難讓最後的茶葉中達到一定的氣味濃度。此外，這個氣味釋放的過程，需要足夠的醣苷水解酶存在，才能在製茶的期間內，將原料的醣苷鏈逐一切斷，所以醣苷水解酶的活力和數量，成了這類型氣味的第二個釋放關鍵。不論是醣苷鏈結氣味的含量，或者醣苷水解酶的狀態，這兩個決定茶葉氣味魔法第二式的關鍵因素，都主要取決於茶菁本身的條件狀態，而較少源於製茶的技藝；因此茶葉在樹上歷經的生長過程和風土條件，在這類的氣味生成中則更顯得重要。

4.2.3 逆境誘發的防禦性氣味合成

　　茶樹除了前面提到的兒茶素和醣苷鏈結氣味分子兩種防禦機制以外，另外還有一種因茶樹面對脫水、低溫、紫外線等環境逆境時，而產生作為防禦抵禦訊號的氣味分子，讓這種類型的氣味分子，如同狼煙一般，讓茶樹能預先進行面對困境時的必要準備，啟動後續一系列的逆境防禦機制。這種由逆境誘發的氣味訊號，包含了吲哚（indole）、茉莉內酯（jasmine lactone）、橙花叔醇（nerolidol）等，具有著橘子花、茉莉花、梔子花、百合花、薰衣草等令人愉悅的氣味分子。

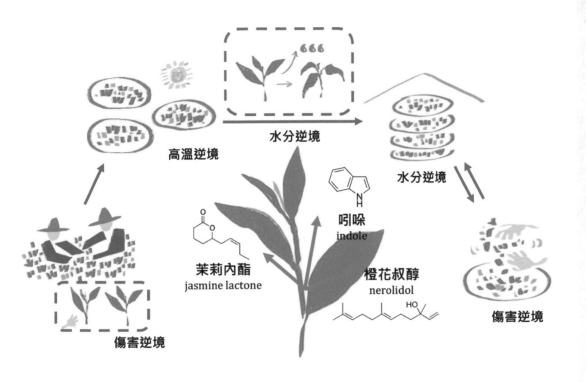

高溫逆境

水分逆境

水分逆境

吲哚
indole

茉莉內酯
jasmine lactone

橙花叔醇
nerolidol

傷害逆境

傷害逆境

逆境誘發的防禦性氣味合成

當茶葉從樹上採摘下來以後，直到被嚴重破壞前，都仍然保有相當的生化活力，茶菁依然可產生各種逆境的對應機制。所以在製茶的過程中，茶菁失水與損傷達到一定程度的同時，自然會誘發那些特殊氣味的生成，直到茶菁完全失去活力為止。在這段茶菁仍然保有活力的黃金時間，製茶師可以藉由調整不同的外在逆境壓力（濕度、溫度、光照條件等等），讓茶菁在製茶的過程中，逐漸從各種不同的原料逐漸生成這些逆境氣味的技巧，就是茶葉氣味魔法的第三式。

　　當逆境程度不足誘發這些逆境防禦性氣味時，茶葉僅會主要進行菁草味氣味的生成反應（綠茶）；而當受到揉捻破碎這種高度破壞的逆境時，茶菁則因失去活力而無法進行生化反應，喪失了進行第三式魔法的能力，但反而能轉向進行醣苷水解反應，產生第二式魔法的氣味（紅茶）。部分發酵茶則是因為具有萎凋攪拌的關鍵製程，讓茶菁在長時間保持相當活力的前提下，透過適當的攪拌和靜置過程創造適當強度的逆境，完美地藉由茶葉氣味魔法第三式，開展出與紅茶截然不同的特殊花香。

室內萎凋靜置與攪拌

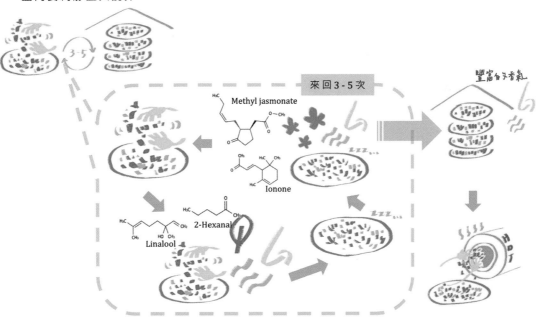

這些由逆境誘發的氣味轉化過程，茶菁也會因受到的逆境程度差異和持續時間，形成不同的氣味變化，像是由因逆境誘發的脂質氧化，會於逆境發生時先產生帶有菁味的2-己烯醛（2-hexanal）、葉醇（3-hexenol），而後又會生成帶花香的順式茉莉酮（cis-jasmone）、茉莉酸甲酯（methyl jasmonate）等氣味分子，和前面兩種氣味魔法一樣，氣味的轉化都是先從帶有菁味的分子形成，而後再有其他花香氣味形成，逐一忠實地反映著茶菁的逆境狀態，因此又再一次提供了製茶師另一條可作為製程調整的判斷線索。

由於這些逆境誘發的特殊氣味，是因為在製茶的過程中，受到了適當的逆境誘發，而在茶菁中逐漸的從原料製造而成，不像由醣苷水解酶所釋放的氣味，僅是將茶樹生長過程中所束縛的氣味，逐一進行釋放而已；所以，需要同時考量原料的多寡、逆境的種類、逆境的持續時間、逆境發生時細胞的活力狀態等等要素，囊括了從茶葉從生長到製程的每一個環節。因此，如何在茶園中生產適當的原料，如何在適當的時間進行採茶、如何在製茶時施加妥適的逆境，都是影響這類氣味含量多寡的要件。

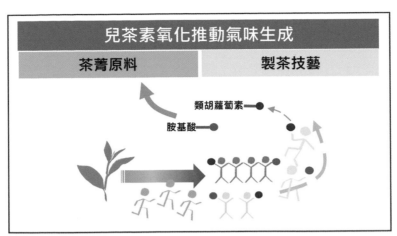

兒茶素氧化推動氣味生成

茶菁原料	製茶技藝

類胡蘿蔔素
胺基酸

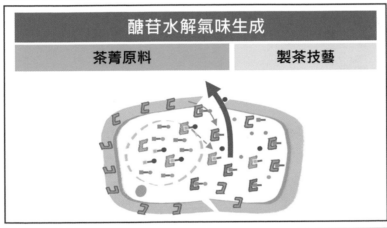

醣苷水解氣味生成

茶菁原料	製茶技藝

逆境氣味生成

茶菁原料	製茶技藝

由於影響氣味魔法第三式的因子十分複雜，且又可以將它與第一式魔法和第二式魔法進行結合應用，讓茶葉魔法施展地難度大大提升。如何藉由三種魔法的堆疊，讓茶葉的風味更加豐富，是自古以來部分發酵茶製茶師的挑戰，他們憑藉著無拘無束的想像力，並結合著茶葉魔法的深刻體悟，不斷地將部分發酵的茶的製茶工藝，一步一步推往更加完美的境界。

5.

掌握茶葉風味魔法的關鍵法則

茶葉的氣味種類繁多且生成的機制複雜，同一種氣味分子有時還受到兩種以上的機制誘發（像是葉醇（3-hexenol）就能從逆境誘發的脂質氧化而來，也能從醣苷酶水解其醣苷前體而來），因此一直以來都十分難以清楚解析，但不論它的生合成路徑為何，這些氣味物質通常多是因應茶葉逆境而生。

不管是因為兒茶素受逆境進行的氧化作用為起點，進而誘發後續一連串化學變化，最終衍生的茶葉氣味；或者因細胞受到嚴重破壞，讓本來以醣苷鏈結的防禦準備儲藏型氣味分子，得以因接觸細胞壁上的醣苷水解酵素而釋放出來的氣味；抑或在尚具有細胞活力狀態下，面對逆境而開始製造的逆境氣味分子，都是茶葉在面對不同逆境時展現的各種反應。在製程的最後，這些氣味受到了炒菁、乾燥、烘焙所進行的各種熱處理，也都還會對風味物質造成各種影響，並定格出最終的茶葉氣味風格。

雖然我們很難直接用肉眼觀察到茶菁內氧化階段的各種魔法變化，但由於茶菁在受到逆境時的各種內在成分變化機制，不但各自有其遵循的法則，且彼此間也相互影響並有著相當緊密的關係，才使得製茶師能夠藉由感受氣味的轉化，窺探茶菁正在進行的各種魔法，並在關鍵的時刻進行調控，讓每一片茶葉都能順著不同的個性，將茶菁內的成分調整到最完美的平衡狀態，最終藉由加熱乾燥將氣味封存，並進一步在烘焙處理中增添風采。

製茶師是這場茶葉魔法的演譯者，也是掌控逆境變化方向的決定者，雖然每一次製茶過程中，製茶師都持續地進行精密計算，但由於各種茶葉魔法的驅動原動力（逆境）是相同的，要有更多的氣味生成，必然需伴隨著較多的逆境遭遇與兒茶素氧化，也就會有衍生相對更多的色澤變化，同時保留較低的苦澀味物質；而當期望保有翠綠茶湯色澤時，必然難以氧化製程降低品嚐時的苦澀味，也同時難以進行適合產生花果香氣的製茶程序。因此，雖然我們有著調整色、香、味的製茶魔法，但最好的製程結束時刻，依然存在一些先天上無法跳脫的限制框架。這個時候，只能從改變茶葉的先天個性著手，應用不同的田間管理和栽培技術，創造出適合施展魔法的茶菁原料，而製茶師則在這個舞台上呈現出他心目中的那杯絕妙好茶。

6.

茶葉風味的

魔法地圖

雖然應用不同的魔法可以創造千變萬化的茶葉顏色、滋味、氣味，但每一種類的茶還是讓人有著既定的印象。主要是因爲各種茶葉，具有各自的既定氧化製程，造成了茶葉的液胞膜、細胞膜、細胞壁在製茶過程中完整度有所不同，同時加上後續不同的特定烘焙加工，進一步定型了每一款茶類的特定風格。

　　如何藉由茶葉的色、香、味來判定是哪一款茶類，並且知道它製造的過程經歷，更甚至能明白其中是否有不盡完美的地方，抑或存在哪些製茶師精心安排的巧思，相信都是大家十分想了解的。因此，我們以圖解的方式製作了茶葉魔法地圖，將茶葉的各種魔法再一次的逐一拆解，並結合著茶葉的風味進行解說，將不同的茶葉種類，藉由結合茶葉關鍵部位（液胞膜、細胞膜、細胞壁）的完整性，以及這些部位完整性和茶葉顏色、滋味、氣味之間的關係，逐一地進行圖像化的展示，提供大家一個能快速按圖索驥進行風味推敲的方法，或許應用這樣的解析方式，更容易掌握各種茶葉其中的奧祕。

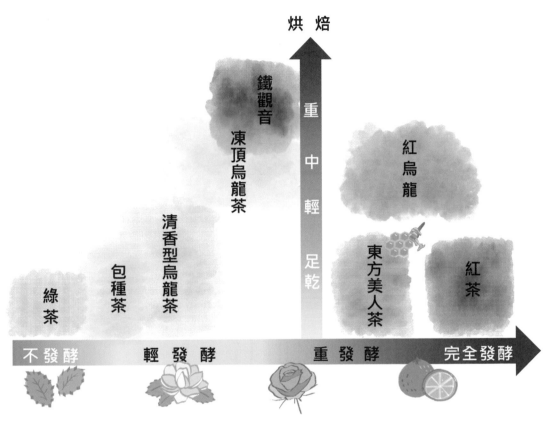

烘　焙

重
中
輕
足
乾

鐵
觀
音

凍
頂
烏
龍
茶

紅
烏
龍

清
香
型
烏
龍
茶

綠
茶

包
種
茶

東
方
美
人
茶

紅
茶

不 發 酵　　　　輕 發 酵　　　　重 發 酵　　　完全發酵

綠茶製作流程

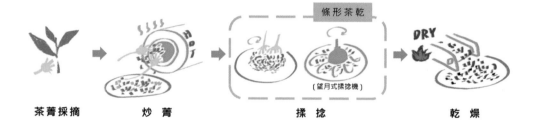

條形茶乾

（筐月式揉捻機）

茶菁採摘　　　　炒　菁　　　　　　揉　捻　　　　　　乾　燥

清香型部分發酵茶與凍頂烏龍製作流程

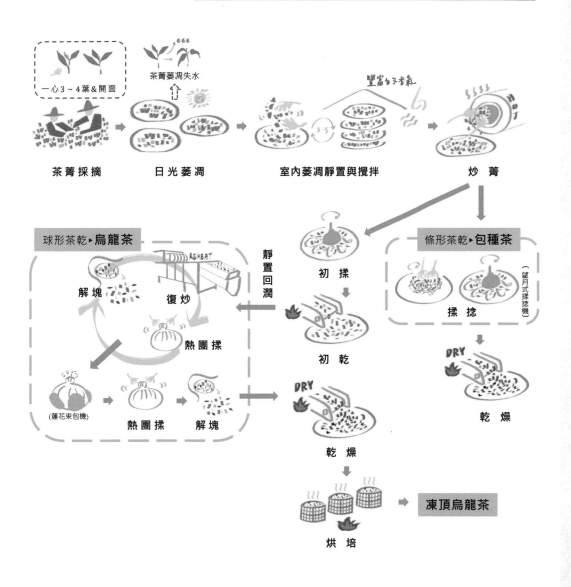

一心3～4葉&開面

茶菁萎凋失水

豐富的香氣

茶菁採摘 　　 日光萎凋 　　 室內萎凋靜置與攪拌 　　 炒菁

球形茶乾▶烏龍茶

條形茶乾▶包種茶

（擎月式揉捻機）

靜置回潤

初揉

揉捻

解塊 　 復炒

熱團揉

初乾

DRY

乾燥

（蓮花束包機）

熱團揉 　 解塊

DRY

乾燥

烘培

凍頂烏龍茶

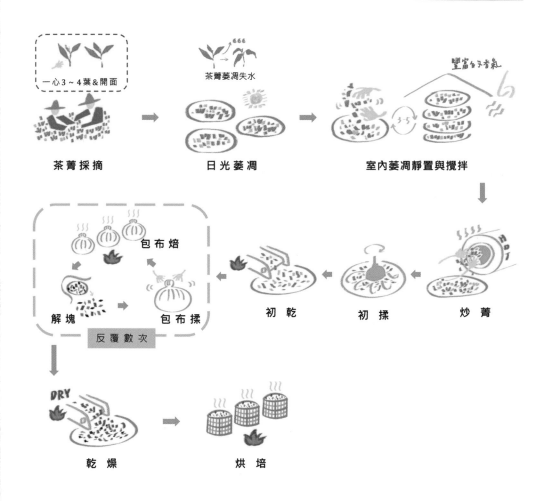

傳統鐵觀音製作流程

一心3～4葉＆開面

茶菁採摘

茶菁萎凋失水

日光萎凋

豐富的香氣

室內萎凋靜置與攪拌

包布焙

解塊　　包布揉

反覆數次

初乾　　初揉　　炒菁

DRY

乾燥　　烘培

東方美人茶製作流程

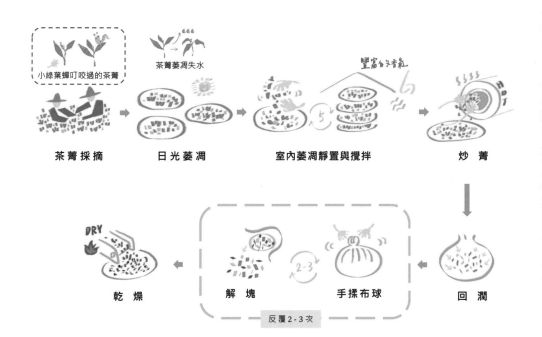

小綠葉蟬叮咬過的茶菁

茶菁萎凋失水

豐富的香氣

茶菁採摘　　日光萎凋　　室內萎凋靜置與攪拌　　炒菁

反覆 2 - 3 次

乾燥　　解塊　　手揉布球　　回潤

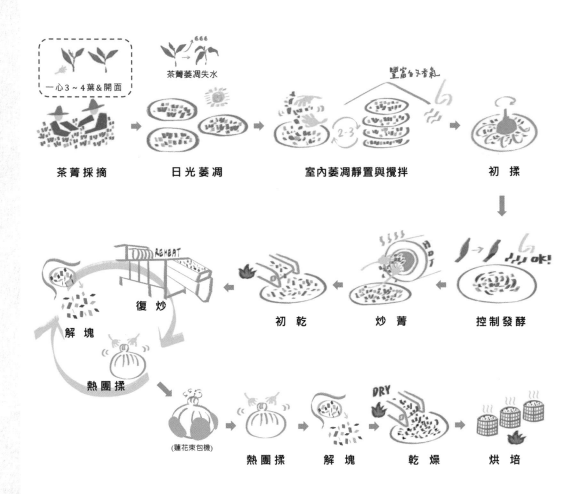

一心3～4葉＆開面

茶菁萎凋失水

豐富台芽青氣

茶菁採摘　　　日光萎凋　　　室內萎凋靜置與攪拌　　　初 揉

復 炒

解 塊

熱團揉

初 乾　　　炒 菁　　　控制發酵

(蓮花束包機)　　熱團揉　　　解 塊　　　乾 燥　　　烘 培

紅茶製作流程

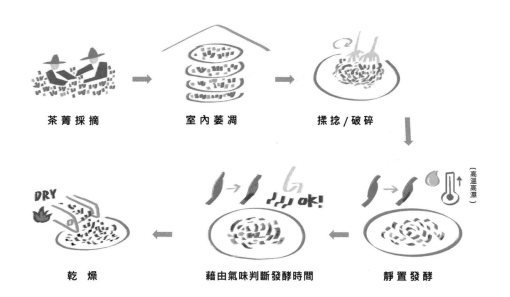

茶菁採摘　　　　　室內萎凋　　　　　揉捻／破碎

（高溫高濕）

DRY

乾　燥　　　　藉由氣味判斷發酵時間　　　　靜置發酵

6.1 茶葉魔法地圖的使用說明

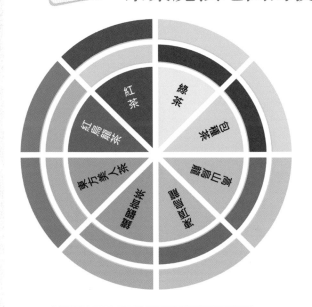

魔法地圖

魔法地圖由內而外，依序為造成
風味的製程原因與對應的風味種類。

魔法地圖圖示

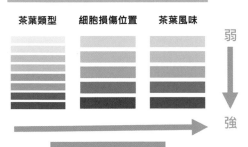

茶葉OXOX的魔法地圖

茶葉類型　細胞損傷位置　茶葉風味

弱
↓
強

風味或損傷強度

魔法地圖的細胞損傷強度、風味強度等對應色塊，
由上而下依序增強。同一圈的色塊強度可對應
該圖例的製程程度或風味強弱。

內圈到外圈

魔法地圖色圈依序由內而外，對應茶類種類、細胞損傷位置、茶葉風味等資訊。
觀看時對應風味地圖，由中心往外即可快速了解對應的圖例。

6.2 茶葉細胞狀態魔法地圖

使用小祕訣：水分含量是茶葉製造過程中影響液胞膜、細胞膜穩定性的首要關鍵，失水越多則膜的穩定性就越低，兒茶素被氧化的程度就容易提高；而細胞壁完整度則主要取決於茶葉被揉捻與破碎的程度。

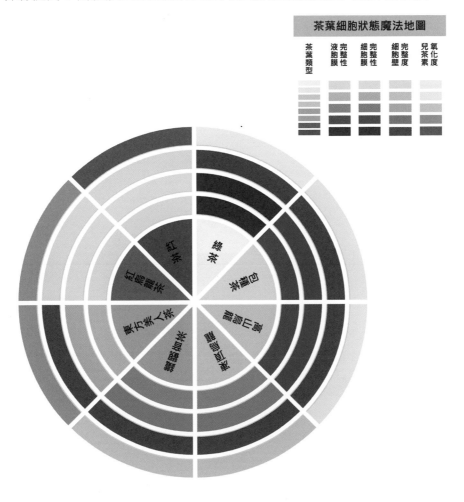

6.3 茶葉顏色與滋味魔法地圖

　　使用小祕訣：液胞膜完整性降低導致兒茶素氧化，同一個葉片液胞膜完整性越低，兒茶素被氧化機會越大，茶湯顏色就越易轉黃轉紅；兒茶素含量降低則苦澀味降低。

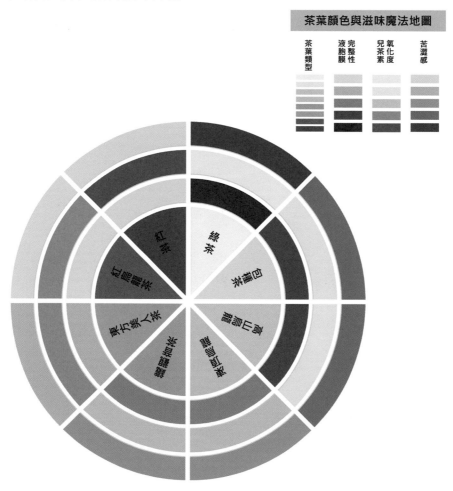

茶葉顏色與滋味魔法地圖

茶葉類型	完整性液胞膜	氧化度兒茶素	苦澀感

綠茶
包種茶
高山烏龍
蜜香烏龍茶
東方美人茶
紅烏龍茶
烏龍茶

6.4 茶葉兒茶素推動氣味魔法地圖

　　使用小祕訣：液胞膜完整性逐漸降低，因兒茶素氧化還原所提供的動力則越大，氣味則逐步地由菁草味、刺鼻味依序逐漸轉成花香、果香。

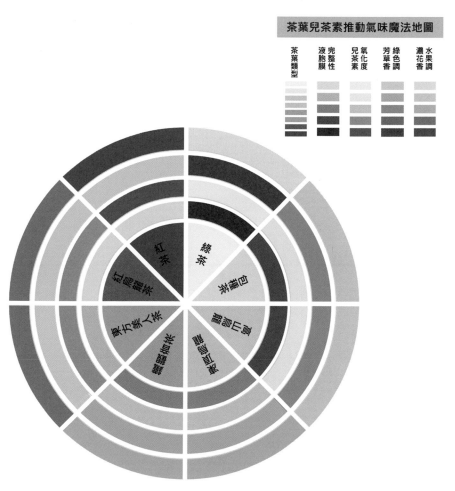

6.5 茶葉醣苷水解氣味魔法地圖

　　使用小祕訣：細胞壁完整性降低，會促使醣苷水解酶接觸醣苷鏈的氣味前驅物，細胞壁破壞越強、反應時間越充足，熟果調氣味釋放越完整。

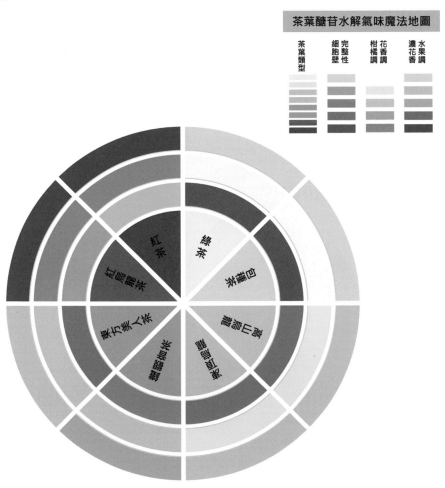

6.6 茶葉逆境誘發氣味魔法地圖

使用小祕訣：細胞膜完整性降低啟動逆境氣味反應，逆境越強，芳草味越低，花香味越強，但當細胞膜完整度過低則失去產生逆境氣味動力。

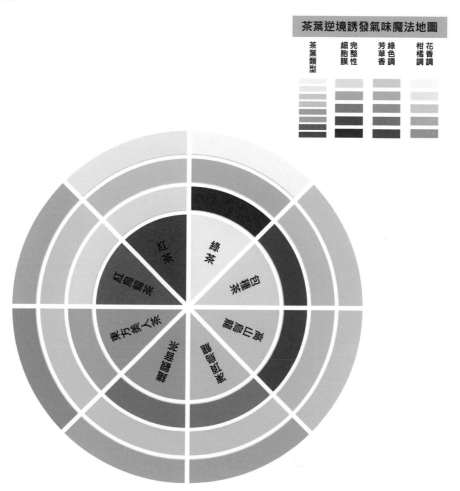

6.7 茶葉風味魔法地圖

　　我們將前述所有的魔法地圖整合在一起，建構成一個「茶葉風味魔法地圖」，讓每一種茶葉顏色、滋味、香氣和製程的關聯更加清晰。

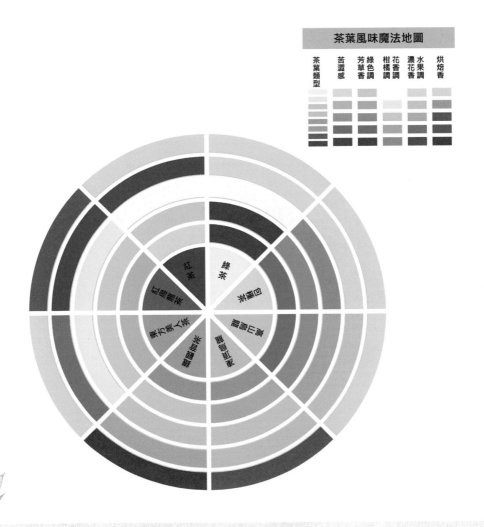

使用小祕訣：滋味的變化主要取決於兒茶素的氧化程度與液胞膜的完整性。不同氣味調性源自於兒茶素的氧化還原、細胞受逆境時的活力、細胞壁被破壞的強度、烘焙過程的轉化昇華，而總體氣味的組成來自於各種氣味調性的疊加。像是同一種茶菁做成高山烏龍茶和紅茶時，高山烏龍通常帶有相對較適中的苦澀感，同時在花香主調中略帶有芳草香和一點熟花感或水果調，所以就可能會被形容成所謂的水蜜桃味、梨子味、玫瑰感、茉莉花；但最終呈現甚麼樣的氣味，則取決於各種生成的氣味組合比例，以及感受者的氣味經驗。而又例如在綠茶製造過程中通常細胞不太受到逆境的誘導，也不太受到醣苷水解酶的作用，理當不會產生花香調和水果調，要是出現了這些氣味，就表示製造過程已經是跳脫傳統的綠茶製法。

6.8 應用茶葉風味魔法地圖開發屬於自己的茶葉風味輪

　　茶葉風味魔法地圖提供了一個掌握茶葉顏色、滋味、氣味的概念，我們可以由這樣的脈絡逐步地了解茶葉的風味轉化機制，並可以透過茶葉的氣味地圖，依序的將各種影響風味的魔法逐一疊加，以茶葉的製作流程作為風味堆疊的基礎。若再輔以不同種類氣味的疊加感受，套用自己感官經驗上的氣味詞彙，則能進一步創造出屬於每個人自己的茶葉風味輪。

　　茶葉中可能存有的氣味樣態十分多元，且這些氣味感受會因每個人的經驗體悟而略有差異，在混上茶葉的基本調性以後，就更加難以準確述說出來。為了提高氣味溝通的效果，我們將部分發酵茶葉品評時關注的「菁味」缺點，作為氣味感受辨別的關鍵指標，以這個偏綠色調（green note）的氣味相對強度為基準，再以不同的調性進行分區，整合形塑成一個茶葉語彙的參考圖。這個風味輪中，我們將調性越接近綠色的氣味，置於風味輪的1點鐘方向，而同一調性中也依相同的邏輯進行排列，建立一個可同時呈現風味語彙與菁味強弱的茶葉風味輪。

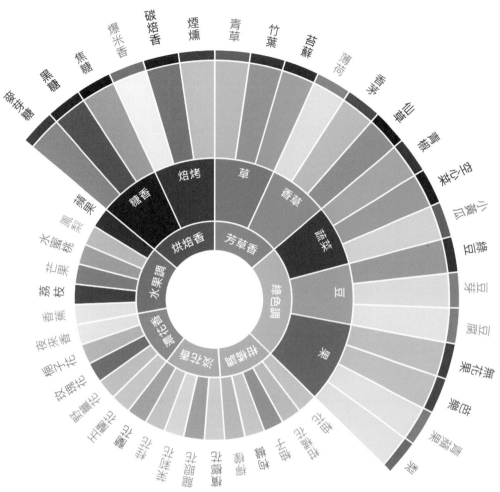

雖然每個人對於相同的氣味分子會有不同的感受與想像，但其大範疇的感受多為一致，因此當我們品評不同的茶葉種類時，除了可以藉由了解茶葉的製造過程、逆境程度來推估它應有的氣味調性，將製程所得的氣味進行組合，同時也可以套用上自己習慣的感官氣味詞彙，就能更容易地想像出他應有的樣貌。同樣的，我們也可以從感受茶葉的氣味層次，先將不同的主調氣味定調，並尋找主調氣味上我們所熟悉的疊加氣味，然後應用關鍵氣味與製程的特殊關係，推斷出茶葉對應的種類和相應製程。

　　因此，逐步練習氣味的疊加和詞彙感受，並創造出自己較容易感受與對應的氣味認知，以後我們就能夠更加良好的將這些氣味與茶葉製程魔法進行連結與活用，跳脫傳統從感官品評形容詞彙進行學習的方式，改以氣味解構的方式來認識不同的茶葉，並在我們的品飲歷程中，逐一增添基於製程的氣味感受聯想，豐富屬於自己的茶葉風味輪。或許藉由這樣的方式進行氣味風味探索，能夠更加清晰的將不同的茶葉進行分類，未來當我們在品飲的時候，就能更清楚的了解她的特色，並能同時從製程的歷程與氣味的感受，以不同的面向來進行茶葉描述，從而讓我們在進行茶葉對談的時候，能夠有一個更加清晰的溝通平台。

填寫風味感受
創造屬於你的風味地圖

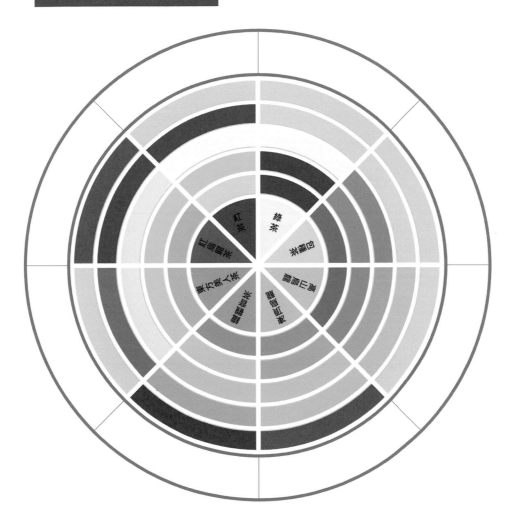

例如當我們了解包種茶的製程，我們會知道它所受的製程逆境屬於中低等級的狀態，液胞膜的破壞程度較低，兒茶素的滲漏較少，使得由兒茶素氧化還原所推動的氣味，較偏向氧化初期的狀態，因此勢必會有些微的綠色調氣味成分存在。又因為包種茶製程有著長時間的靜置過程，讓茶葉能在保有一定活力的狀態下，持續受到逆境誘導產生對應的氣味，所以因逆境而生的氣味成了它的特色代表。

　　然而由於每一款包種茶所受的逆境，會因茶菁原始狀態和製茶師的手法而略有差異，導致每一款茶皆有著有不同程度的菁草氣味與花香比例，而這樣藉由調控逆境衍生的氣味，就成了不同包種茶間品質與特色差異所在。雖然包種茶炒菁後的揉捻製程，也會造成大量的細胞壁破壞，但由於揉捻後隨即進行乾燥製程，大幅降低了醣苷水解誘導氣味發生的可能，因此該些氣味就不會成為包種茶的關鍵特徵。

　　由上面的分析，我們可以知道包種茶的香型，應會是一個帶有花香為主的調性，但會因為它的逆境程度而有所差異。當綠色調氣味較多時，我們聞到的花香就會添加上帶有菁草味的堆疊，可能會覺得它帶有綠色果皮的氣味，也可能會是含苞待放的小白花香。而當這個花香程度提升了以後，可能就會感受到桂花、茉莉花為主的調性，但依然有菁草味在背景中存在，結合而成了帶有清新感的橙花味，或者未成熟的芭樂味、檳榔味。隨著逆境更多時，花味又更加提升並漸漸壓過綠色調氣味時，則就更完整的顯現出不同的濃郁花香感。

至於包種茶的茶湯顏色和滋味，就相對的容易許多。由於我們知道它的液胞膜尚未受到很強烈的破壞，所以依然會保有相對較多的兒茶素，因此茶湯顏色就會是偏向較綠色的狀態，但又由於它的兒茶素有了一些轉化，因此會結合成一些帶有黃橙色的二聚體。掌握了兒茶素的氧化狀態，就可以很清楚的知道包種茶的茶湯應以黃綠色爲主，但會因內容物的配比多寡而有略微的偏移。同時也因爲兒茶素的狀態如此，包種茶的滋味也勢必將因較低的氧化程度，而保有相當的苦澀滋味感。

　　我們可以用茶葉的魔法氣味概念，將不同類型的茶葉進行剖析，並藉由不同調性對應的氣味詞彙，進行更進一步的氣味描述，最後將各種不同魔法帶來的氣味進行疊加，就能創造出屬於自己認知的茶葉風味輪。當我們對於茶葉風味的感受與認知逐漸熟稔以後，就能更完好的將各種茶葉風味進行加成，最終完美的演繹出可以和他人溝通的風味描述。

7.

茶葉氣味魔法的

另一種體悟

茶葉的氣味轉變，從一片葉子採摘下來以後，不論製造的程序經歷了甚麼，最後都停止於乾燥的當下，而老茶的變化則是在乾燥之後的進一步衍生。這一片葉子從採摘到乾燥的歷程，決定了茶葉氣味變化時間的長短，雖然我們可以從各種的科學進行說明，但依舊難以超越大自然的教導。如果能了解到一片茶的製造歷程，其實就如同是一個植物生長到老化的歷程，而其氣味變化就如同是歷經了植物的葉片生長、花朵綻放、結果熟成的一個進展，只是這個進展的歷程被壓縮在一個短暫的製程中。

　　當製茶的歷程越短，則如同植物處於春季生長的前端，散發著欣欣向榮的氣息，而當製茶歷程逐步延長且細胞更加損傷老化，則氣味也就往夏天時的花開和結果邁進；進一步當製茶力度又逐漸強烈時，茶葉的氣味也隨著變化的歷程增長，從青澀的果實逐步地轉化成各式各樣的成熟果實，更甚成為了熟透的果實；而當茶葉更進一步進行儲放，氣味則如同轉化成秋季時乾燥的花朵和果實，以及冬天落葉後的成熟木頭感。相信每個人只要能細細觀察大自然的教導，不時的注意植物的生長改變與氣味轉化，並掌握這個製茶猶如植物生長變化的概念，或許就能更加理解茶葉的氣味變化，而在細細品味茶葉氣味的同時，也能同樣的感受到大自然對植物的造化。祝福每位喜歡茶的人，都能藉由品茶來體悟自然，也能由了解自然來體悟茶。

若有興趣可進一步參考相關研究

1. Aroma release during wine consumption: Factors and analytical approaches. 10.1016/j.foodchem.2020.128957
2. Association between chemistry and taste of tea: A review. 10.1016/j.tifs.2020.05.015
3. Attractive but Toxic: Emerging Roles of Glycosidically Bound Volatiles and Glycosyltransferases Involved in Their Formation. 10.1016/j.molp.2018.09.001
4. Chinese oolong tea: An aromatic beverage produced under multiple stresses. 10.1016/j.tifs.2020.10.001
5. Discrimination of teas with different degrees of fermentation by SPME–GC analysis of the characteristic volatile flavour compounds. 10.1016/j.foodchem.2007.12.054
6. Enzymatic Oxidation of Tea Catechins and Its Mechanism. 10.3390/molecules27030942
7. Flavor of tea（Camellia sinensis）: A review on odorants and analytical techniques. 10.1111/1541-4337.12999
8. Herbivore species, infestation time, and herbivore density affect induced volatiles in tea plants. 10.1007/s00049-013-0141-2
9. Herbivore-induced DMNT catalyzed by CYP82D47 plays an important role in the induction of JA-dependent herbivore resistance of neighboring tea plants. 10.1111/pce.13861
10. Impact of Oral Microbiota on Flavor Perception: From Food Processing to In-Mouth Metabolization. 10.3390/foods10092006
11. Phytochemical profile of differently processed tea: A review. 10.1111/1750-3841.16137

12. Polyphenol oxidase dominates the conversions of flavonol glycosides in tea leaves. 10.1016/j.foodchem.2020.128088

13. Pre- and post-harvest exposure to stress influence quality-related metabolites in fresh tea leaves （Camellia sinensis）. 10.1016/j.scienta.2021.109984

14. Quality Characteristics of Oolong Tea Products in Different Regions and the Contribution of Thirteen Phytochemical Components to Its Taste. 10.3390/horticulturae8040278

15. Recent studies of the volatile compounds in tea. 10.1016/j.foodres.2013.02.011

16. Relationship between the Grade and the Characteristic Flavor of PCT （Panyong Congou Black Tea）. 10.3390/foods11182815

17. Taste receptor signalling – from tongues to lungs. 10.1111/j.1748-1716.2011.02308.x

18. The role of volatiles in plant communication. 10.1111/tpj.14496

19. Understanding the biosyntheses and stress response mechanisms of aroma compounds in tea （Camellia sinensis） to safely and effectively improve tea aroma. 10.1080/10408398.2018.1506907

20. Unraveling the Glucosylation of Astringency Compounds of Horse Chestnut via Integrative Sensory Evaluation, Flavonoid Metabolism, Differential Transcriptome, and Phylogenetic Analysis. 10.3389/fpls.2021.830343

21. α-Farnesene and ocimene induce metabolite changes by volatile signaling in neighboring tea （Camellia sinensis） plants. 10.1016/j.plantsci.2017.08.005

國家圖書館出版品預行編目資料

千變萬化的茶葉魔法術／陳柏安著. --初版.--臺
中市：白象文化事業有限公司，2023.6
　　面；　公分
ISBN 978-626-7253-98-4（平裝）
1.CST: 茶葉 2.CST: 製茶
439.4　　　　　　　　　　　　112003932

千變萬化的茶葉魔法術

作　　　者　陳柏安
繪　　　圖　林書妍、謝瑾安
校　　　對　陳柏安
封面封底圖片提供　陳柏安
發 行 人　張輝潭
出版發行　白象文化事業有限公司
　　　　　412台中市大里區科技路1號8樓之2（台中軟體園區）
　　　　　出版專線：（04）2496-5995　　傳眞：（04）2496-9901
　　　　　401台中市東區和平街228巷44號（經銷部）
　　　　　購書專線：（04）2220-8589　　傳眞：（04）2220-8505
專案主編　陳逸儒
出版編印　林榮威、陳逸儒、黃麗穎、陳婕婷、李婕
設計創意　張禮南、何佳諠
經紀企劃　張輝潭、徐錦淳
經銷推廣　李莉吟、莊博亞、劉育姍、林政泓
行銷宣傳　黃姿虹、沈若瑜
營運管理　林金郎、曾千熏
印　　　刷　基盛印刷工場
初版一刷　2023年6月
定　　　價　230元